无沟双髻鲨 1.5～4.3m

大西洋棘白鲳 30～45cm

美洲缸 0.9～1.2m （不包括尾长）

皇家丝鳉 3.8～6.4cm

黑眼鲹 0.3～0.6m

石鲷 15～25cm

女王神仙 20～36cm

四斑蝴蝶鱼 7.5～10cm

花瓶海绵 15～45cm

蓝仿石鲷 20～35cm

刺龙虾 15～25cm

脑珊瑚 0.45～2.15m

芥末滨珊瑚 15～60cm

象耳海绵 0.6～1.2m

炉管海绵 0.6～1.2m

献给利亚姆

图书在版编目（CIP）数据

穿越寒武纪珊瑚礁／（美）陈振盼著绘；陈张帆译．－－ 武汉：长江少年儿童出版社，2018.7
书名原文：Coral Reef
ISBN 978-7-5560-6902-6

Ⅰ．①穿… Ⅱ．①陈…②陈… Ⅲ．①珊瑚礁－少儿读物 Ⅳ．① P737.2-49

中国版本图书馆 CIP 数据核字 (2017) 第 262345 号

穿越寒武纪珊瑚礁

[美]陈振盼／著绘　陈张帆／译
策划编辑／周　杰
责任编辑／周　杰
装帧设计／欧阳诗汝　美术编辑／欧阳诗汝
出版发行／长江少年儿童出版社
经销／全国新华书店
印刷／佛山市高明领航彩色印刷有限公司
开本／889×1194　1/16　2.5 印张
版次／2024 年 9 月第 1 版第 16 次印刷
书号／ISBN 978-7-5560-6902-6
定价／49.00 元

策划／心喜阅信息咨询（深圳）有限公司　　咨询热线／0755-82705599　　销售热线／027-87396822　　http://www.lovereadingbooks.com

CORAL REEFS

By Jason Chin
Copyright © 2011 by Jason Chin
Published by arrangement with Roaring Brook Press, a division of the
Holtzbrinck Publishing Holdings Limited Partnership
through Bardon–Chinese Media Agency
Simplified Chinese translation copyright © 2018 by Love Reading
Information Consultancy (Shenzhen) Co., Ltd.
ALL RIGHTS RESERVED
本书中文简体字版权经 Roaring Brook Press 授予心喜阅信息咨询（深圳）
有限公司，由长江少年儿童出版社独家出版发行。

穿越寒武纪珊瑚礁

[美] 陈振盼 著

长江出版传媒 长江少年儿童出版社

在超过 4 亿年的时间里，珊瑚在地球的海洋里构筑着珊瑚礁。珊瑚虽然看起来像植物，但它们其实是动物。有些珊瑚很柔软，可以在水中摆来摆去；另一些珊瑚很硬，因而被称为硬珊瑚。所有的珊瑚都是由小小的珊瑚虫构成的，大部分珊瑚表面都有数百只珊瑚虫。

每一只珊瑚虫都带着蜇
人的触角，它们可以伸长触角，
捕获食物。硬珊瑚的珊瑚虫会构筑起石灰质的
骨架，它们就住在骨架表面的小凹口里，
这些凹口像杯子一样。当珊瑚虫遇到危
险时，它会缩回小凹口里保护自己。硬珊瑚
之所以能构筑起硬骨架，是因为它们与
一种藻类建立起了独特的合作关系。这种
藻类生活在珊瑚虫的身体里，它们一起合作，
构筑起珊瑚的骨架。

珊瑚有上千种，每一种都有不同的形状和颜色。有些有错落的枝条，有些生长在海底的土丘上。当珊瑚虫死亡后，它们会腐烂，但骨架仍然留存着，新的珊瑚会在原有骨架上生长。

　　数百年之间，珊瑚堆积起来，并向周围的海底扩散，
最后形成一座活的小山，这样的小山被称为珊瑚礁。珊
瑚虫虽然很小，但它们却是不可思议的建造者。珊瑚礁
是动物在地球上建造的最大的建筑——伯利兹堡礁有约
300千米长！

珊瑚礁是数千种植物和动物的家园。很多动物都住在珊瑚礁里，珊瑚礁也因此被称为海洋中的城市。

这些水中之城在世界上的热带海域生长着，它们从近岸开始生长，向海中延伸。

珊瑚礁的不同部分居住着不同的动物。所有的动物互相影响，形成一个复杂的关系网，每一种动物在这个系统中都有自己独特的位置。

很多关系建立在捕食者和被捕食者之间。珊瑚捕食浮游生物——一些小小的漂浮在水中的生物。珊瑚虫用它们的触角捕获浮游生物，然后吃掉它们。

然而，珊瑚不只是捕食者，它们也被捕食。珊瑚虫虽然可以退回小凹口中保护自己，但这并不能阻止鹦嘴鱼。鹦嘴鱼以珊瑚虫体内的藻类为食，它们用特殊的嘴咬破珊瑚的骨架，大口吞吃里面的珊瑚虫。

食物链并没有就此结束——鹦嘴鱼是大型鱼类的食物，比如石斑鱼和鲨鱼。

一系列吃与被吃的物种（如珊瑚、鹦嘴鱼、鲨鱼）之间的关系被称作食物链。在珊瑚礁中有许多不同的食物链，这些食物链组成了食物网。

很多动物利用珊瑚礁保护自己。珊瑚生长的时候，会在珊瑚礁上形成缝隙和缺口，这些地方是小鱼们藏身的好去处。当捕食者，如拿骚石斑鱼在附近游弋时，金鳞鱼就躲在珊瑚礁中保护自己。

　　除了
要躲避捕食者，
动物们也要找到食
物才能生存。海鳗有细长的身体，
可以在珊瑚礁狭窄的角落和缝隙中自由穿梭。
躲起来的小鱼可能成功躲避了石斑鱼，但是它们仍然
需要提防饥饿的海鳗。

珊瑚礁和海岸之间的浅海水域被称为潟（xì）湖，这片区域通常被海草覆盖。潟湖对保持珊瑚礁健康起着重要的作用。河豚和海马在潟湖很常见，很多小鱼在长大之前会在水草之间寻求庇护，长大之后就会游往珊瑚礁区域。鳐鱼在潟湖区捕食螃蟹和海螺，海龟以海草为食。

在潟湖之外，珊瑚开始出现，标志着这里是珊瑚礁区域了。成群结队的鱼在珊瑚礁中游来游去。鱼跟着鱼群游动是为了保护自己，有时候不同种类的鱼，例如黄仿石鲈和蓝仿石鲈，会在一起游，形成更大的鱼群。通过共同合作，鱼群可以获得更好的生存机会。

很多物种演化出不寻常的适应能力以帮助它们生存。当鲉鱼躲在海底伏击猎物的时候，它看上去甚至不像一条鱼。捕食鲉鱼的动物也要小心：它背上的长刺里充满了毒液，这是一种很有效的防御。

蠌（bì）鱼会"钓"它的晚餐。蠌鱼通过改变身体的颜色来融入周围的环境，它的嘴巴前面长着一个看上去像鱼饵的特别的鳍，蠌鱼摇晃这个"鱼饵"来吸引猎物靠近。当一条大意的鱼咬住诱饵的时候，蠌鱼就会发动迅猛的攻击，它很少失手。

蠌鱼是海洋中速度最快的鱼之一。

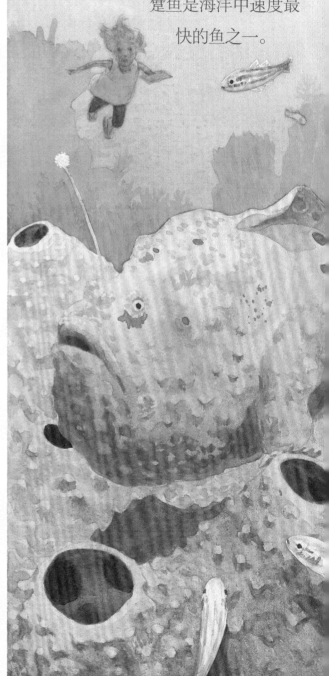

章鱼拥有不寻常的适应能力。它可以根据周围的环境改变皮肤的颜色和质地。作为一个伪装大师，章鱼善于捕食也善于躲藏。

如果捕食者恰好发现了它，章鱼也会有其他逃脱方案。它喷出一团云雾状的墨汁迷惑敌人。在珊瑚礁生活的动物们都有特别的适应能力来帮助自己生存，鲉鱼、蟹鱼、章鱼只是其中的一部分。

有时候，不同物种的动物们会协同工作来帮助彼此生存。许多大型捕食者，比如老虎石斑鱼，会与小小的灯虾虎鱼建立合作关系：老虎石斑鱼让灯虾虎鱼帮它们清洁。虾虎鱼们在石斑鱼周围游来游去，从它们的鳞片、鳃和鳍上挑出寄生虫和死皮。石斑鱼甚至会让虾虎鱼

游进它们的嘴中清洁牙齿。这样的安排对双方都很好。虾虎鱼得到了免费的食物，而石斑鱼获得了清洁。

在珊瑚礁的尽头，随着水的深度增加，珊瑚数量急剧减少。这里是礁壁，在这之外就是外海。热带珊瑚礁的边缘海域食物匮乏，并没有太多的生命在这里活动。从另一方面来说，珊瑚礁就像是沙漠中的绿洲。它们

拥有丰富的生物资源，为来访者提供食
物。世界上最大的鱼——鲸鲨，每
年春天都会来到伯利兹堡礁，用
珊瑚礁鱼群产下的极微小的
鱼卵喂饱自己。

在珊瑚礁中，人们已经发现了超过 4000 种鱼类和数千种其他生物，这比在海洋中其他任何地方发现的物种都要多。不仅如此，科学家们认为珊瑚礁中还有数以百万计的物种尚未被发现！令人惊叹的是，数量如此多的物种却挤在浩瀚大海的一小片区域中。珊瑚礁看上去或许很大，但它们的面积还不到全部海底面积的百分之零点五。有如此多的生物居住在这么小的空间里，难怪珊瑚礁被称为海底的城市。

像所有的大都市一样，珊瑚礁也是繁忙的地方，这里有上千种不同的关系。许多是捕食者和被捕食者的关系……

也有彼此合作、互惠互利的关系。

所有这些关系让珊瑚礁成为世界上最复杂的生态系统之一。
每一个物种在这个系统中都有自己独特的位置，而它们能获得
栖身之地，都需要依靠珊瑚礁的建造者——

珊瑚。

珊瑚礁面临的威胁

珊瑚有美丽鲜艳的颜色，但那些颜色并非来自它们自身。事实上，珊瑚是苍白的，我们看到的颜色是来自住在珊瑚虫体内的藻类。当珊瑚受到胁迫时，它们会排出体内的藻类，失去颜色。失去这些藻类，大部分珊瑚最终都会死亡。这种现象称为珊瑚白化，而这种现象在世界上的珊瑚礁中越来越普遍。珊瑚是很脆弱的生物，它们面临着许多会导致白化甚至危及生存的威胁。有些威胁是自然发生的，比如龙卷风和疾病。有些是人为造成的，比如污染和过度捕捞。现在，珊瑚礁面临的最大威胁是不断增加的温室气体，而化石燃料（如煤炭、石油等）的燃烧是温室气体增加的原因之一。这些气体会造成全世界海洋升温，海水酸化。水温升高导致珊瑚白化，海水酸化使珊瑚虫构造骨架变得非常困难。温室气体带来的威胁是全球性的，所以造成的破坏并不局限于某一些珊瑚——全世界所有的珊瑚，以及依赖珊瑚生存的动物们，都陷入了危险中。

珊瑚礁的前景黯淡，然而也有光明的一面：你可以参与解决这个问题。以下是一些你可以做的事情：

减少生产、重复使用和回收利用：每一次生产都会造成能源的消耗。大部分能源来自会产生温室气体的燃料。如果我们可以减少生产物品的数量，那么产生的温室气体也会减少。你可以参与进来，减少购买物品的数量，重复使用你已经拥有的物品，回收利用你不再需要的物品。

节约用水：家庭排出的水进入下水道，通常会被冲入大海里，带去污染。减少用水量意味着进入海洋的污染物会减少。

将鱼留在它们的栖息地：如果你买了一条新的鱼回去养，请确认它不是来自珊瑚礁。如果你去珊瑚礁游玩，请不要带走任何鱼或珊瑚。

走路、骑自行车或者坐公交车：汽车产生的温室气体会对珊瑚礁造成威胁。出行时候请考虑走路、骑自行车或者使用公共交通工具，而不是开车。

自我教育：这本书只是一个开始。对珊瑚礁了解得越多，你就能更好地帮助它们

珊瑚礁横截面

红树林　　　　　　　　珊瑚礁后部　　　　　　　　珊瑚礁前部

潟湖　　　　　　　　　　　　　　　珊瑚礁顶　　　礁墙

　　　　　　　　礁坪

海藻　　　　　　　　　　　　　　石灰岩

沙

星状珊瑚横截面

珊瑚虫

石灰岩

珊瑚虫横截面

触角

虫黄藻

胃

石灰岩杯

独特的合作关系

　　珊瑚和藻类之间的关系是珊瑚礁中最特别的关系之一。这种藻类被称为虫黄藻，像植物一样，能将太阳的能量转化为食物。它们与共生的珊瑚一起分享食物，作为回报，珊瑚也将营养物质分享给它们。虫黄藻也会帮助珊瑚构建它们的骨架。珊瑚礁结构的很大一部分是珊瑚的骨架，正是虫黄藻和珊瑚一起共同努力，完成了珊瑚礁的构建。

更多关于珊瑚礁的知识

　　世界上最大的珊瑚礁是澳大利亚东海岸的大堡礁。

　　世界上珊瑚种类最多的珊瑚礁在印度尼西亚。

　　鹦嘴鱼会吃掉一些珊瑚的骨架。在鹦嘴鱼的消化系统中，珊瑚会被磨成沙子——一条鹦嘴鱼一年最多能产生一吨沙子！

　　世界上最毒的鱼是石头鱼，它栖息在太平洋的珊瑚礁中。

　　两个物种之间的合作关系，比如本书中的清洁鱼和石斑鱼，被称为共生关系。

后记

为了本书的写作，我去过伯利兹堡礁，我的文字正是我的旅行经历的写照。本书中所画的物种都栖息在加勒比海礁，其中有很多动物我也在伯利兹堡礁见到过。伯利兹堡礁很特别，我能造访它真是太幸运了。在撰写本书的过程中，除了造访珊瑚礁，我还参考了大量资料，其中重要的资料参考网站有：

1. 美国国家海洋气象局（NOAA）：coris.noaa.gov；oceanservice.noaa.gov；coralreef.noaa.gov

2. 佛罗里达自然博物馆鱼类学系网站：flmnh.ufl.edu/fish/

玳瑁 0.75～0.9m

巨金梭鱼 0.45～1.8m

黑鳍牛目鲷 18～25cm

虹彩鹦嘴鱼 0.45～1.65m

巴西刺盖鱼(幼鱼) 2.5～12.5cm

蓝灯虾虎鱼 2.5～3.8cm

拿骚石斑鱼 0.3～0.6m

斑点鹰鲼 1.2～2.5m

梅瓦长海胆 5～10cm

铰口鲨 1.5～4.5m

斑点鮋 17.5～35.5cm

巨星珊瑚 0.6～2.5m

白星片状珊瑚 0.3～1.8m

象牙珊瑚 10～75cm

柱状珊瑚 1.2～3m